Abdelhafid Mimouni

A biotecnologia desmistifica as cataratas

Abdelhafid Mimouni

A biotecnologia desmistifica as cataratas

ScienciaScripts

Imprint
Any brand names and product names mentioned in this book are subject to trademark, brand or patent protection and are trademarks or registered trademarks of their respective holders. The use of brand names, product names, common names, trade names, product descriptions etc. even without a particular marking in this work is in no way to be construed to mean that such names may be regarded as unrestricted in respect of trademark and brand protection legislation and could thus be used by anyone.

Cover image: www.ingimage.com

This book is a translation from the original published under ISBN 978-620-3-46052-0.

Publisher:
Sciencia Scripts
is a trademark of
Dodo Books Indian Ocean Ltd. and OmniScriptum S.R.L publishing group

120 High Road, East Finchley, London, N2 9ED, United Kingdom
Str. Armeneasca 28/1, office 1, Chisinau MD-2012, Republic of Moldova, Europe
Managing Directors: Ieva Konstantinova, Victoria Ursu
info@omniscriptum.com

Printed at: see last page
ISBN: 978-620-8-55125-4

A biotecnologia desmistifica as cataratas

Autor:

Investigador independente especializado em química bioinorgânica, o Dr. Mimouni é um perito reconhecido na síntese e caraterização de macromoléculas. Obteve o seu doutoramento em Química na Universidade de Paris XII em 1997, depois de ter concluído um Diplôme d'Études Approfondies em Sistemas Bioinorgânicos na Universidade de Paris XI em 1993, onde também obteve a sua Licenciatura e Mestrado em Química.

Resumo: Este livro explora uma abordagem inovadora para o tratamento das cataratas através da substituição de cristalinas desnaturadas por cristalinas normais geradas por engenharia genética. O livro detalha o papel das pontes dissulfureto na estabilidade das proteínas cristalinas e a sua ligação com a desnaturação que conduz às cataratas. Ao apresentar a regeneração do cristalino, o livro discute a produção recombinante de cristalinas, através da clonagem genética e da expressão em vários sistemas biológicos. São também analisados os desafios técnicos da implantação destas cristalinas recombinantes no cristalino, incluindo a compatibilidade, a estabilidade e a segurança a longo prazo. O livro conclui com uma discussão sobre as perspectivas futuras desta tecnologia, incluindo o seu potencial para o tratamento de outras patologias baseadas em proteínas e o seu impacto na medicina regenerativa. Esta abordagem poderá revolucionar os tratamentos da catarata e abrir novas vias para terapias regenerativas noutros domínios biomédicos.

Mapa do livro

Introdução

- O cristalino é uma lente transparente e flexível localizada no olho humano, que desempenha um papel crucial no processo de visão ao focar a luz na retina. A sua capacidade de mudar de forma e de focagem permite que o olho se adapte a diferentes distâncias. O cristalino é composto principalmente por proteínas chamadas cristalinas, que são essenciais para a sua transparência e função ótica. Estas cristalinas, cujos principais tipos são as cristalinas α, β e γ, interagem de forma complexa para manter a estrutura do cristalino, permitindo que a luz seja transmitida de forma eficiente.
- As cristalinas são proteínas especiais, porque não só têm de ser estáveis e manter a sua forma tridimensional ao longo da vida de um indivíduo, como também têm de ser suficientemente transparentes para permitir que a luz passe através delas sem distorção. Esta estabilidade é em grande parte assegurada pelas pontes de dissulfureto, as ligações covalentes que mantêm a estrutura destas proteínas. Qualquer disfunção ou desnaturação das cristalinas pode levar a perturbações importantes no funcionamento do cristalino, com consequências graves para a visão.
- Entre as patologias ligadas à desnaturação do cristalino, as cataratas são as mais frequentes. Trata-se de uma opacificação progressiva do cristalino, que perturba a passagem da luz através do olho, resultando numa visão turva e reduzida. As cataratas são uma das principais causas de cegueira em todo o mundo, afectando milhões de pessoas, sobretudo os idosos. A desnaturação do cristalino, frequentemente induzida pelo envelhecimento,

pelos raios ultravioleta, por factores genéticos ou por doenças metabólicas, leva à agregação de proteínas, o que perturba a transparência do cristalino e altera a sua função.

- Os tratamentos tradicionais da catarata envolvem geralmente a remoção da lente turva e a sua substituição por uma lente intraocular artificial. No entanto, estas soluções não restauram a função biológica do cristalino e oferecem apenas uma correção ótica. A investigação médica está a orientar-se cada vez mais para soluções inovadoras, nomeadamente a regeneração do cristalino através da substituição das cristalinas desnaturadas por cristalinas normais geradas por engenharia genética. Esta abordagem permitiria não só restaurar a função ótica do cristalino, mas também preservar a sua função biológica natural, representando um verdadeiro avanço no tratamento das cataratas e, potencialmente, de outras patologias oculares proteicas.
- Este livro explora a importância das cristalinas na manutenção da transparência do cristalino, os mecanismos da sua desnaturação e as perspectivas oferecidas pela engenharia genética para a regeneração do cristalino através da substituição das cristalinas desnaturadas por cristalinas recombinantes, ao mesmo tempo que discute os desafios e as perspectivas futuras desta abordagem terapêutica inovadora.

Capítulo 1: As pontes dissulfureto e o seu papel nas proteínas

Introdução às pontes de dissulfureto

As pontes dissulfureto são ligações covalentes importantes na estrutura tridimensional das proteínas. Formam-se entre dois átomos de enxofre, que são resíduos de cisteína, um aminoácido específico. Estas ligações, simbolizadas por -S-S-, desempenham um papel fundamental na estabilização das estruturas proteicas. Numa proteína, as pontes dissulfureto servem para ligar segmentos da cadeia polipeptídica entre si, ajudando a manter a forma correta e funcional da proteína. Estas ligações são particularmente cruciais nas proteínas que requerem um elevado grau de estabilidade estrutural para funcionar, como as cristalinas que constituem o cristalino do olho humano.

O papel das pontes de dissulfureto nos materiais cristalinos

As cristalinas, proteínas responsáveis pela transparência do cristalino, possuem numerosas pontes dissulfureto. Estas pontes desempenham um papel essencial na sua estrutura e função. As cristalinas são proteínas altamente estáveis que formam uma rede tridimensional complexa que permite que o cristalino mantenha a sua forma e transparência. As pontes dissulfureto estabilizam a estrutura destas proteínas, mantendo a integridade da conformação necessária para a transparência ótica.

No cristalino, existem três famílias principais de cristalinos: os cristalinos α, β e γ. Cada uma destas famílias tem variações na disposição das suas pontes dissulfureto, mas todas partilham uma estrutura altamente organizada, na qual estas pontes dissulfureto são cruciais para assegurar a interação correta entre cadeias polipeptídicas. Por exemplo, as α-cristalinas contêm motivos ricos em cisteína e beneficiam de uma grande estabilização através de pontes dissulfureto, permitindo que estas proteínas mantenham a forma necessária para a sua função no cristalino.

O papel das pontes dissulfureto na transparência do cristalino

A transparência do cristalino é um fator-chave da visão humana. A capacidade do cristalino para transmitir a luz sem a desviar ou absorver depende diretamente da transparência das proteínas que o constituem, principalmente as cristalinas. As pontes dissulfureto são essenciais para esta transparência, pois impedem a formação de estruturas proteicas não funcionais que poderiam bloquear a luz. Se estas pontes forem quebradas ou incorretamente modificadas, as cristalinas podem desnaturar-se, levando à sua agregação e à opacificação do cristalino, um fenómeno caraterístico das cataratas.

A quebra das pontes dissulfureto nas cristalinas pode ser causada por factores ambientais (como a radiação UV), alterações de pH ou mutações genéticas. Quando estas pontes são quebradas, as cristalinas deixam de conseguir manter a sua estrutura estável, levando a alterações conformacionais e à agregação. Esta agregação leva à formação de aglomerados de proteínas que reduzem a transparência do cristalino e prejudicam a visão, criando uma catarata.

A importância das pontes dissulfureto na manutenção da função da lente

As pontes de dissulfureto não são apenas cruciais para a estrutura das cristalinas, mas também para a sua função. O seu papel é particularmente importante para a solubilidade e a prevenção da agregação de cristalinas. Ao manter a arquitetura tridimensional das proteínas, estas pontes dissulfureto garantem a flexibilidade e a estabilidade necessárias para a transparência cristalina.

As pontes dissulfureto também desempenham um papel na capacidade de reparação da lente. As cristalinas estão constantemente expostas a factores externos que podem induzir lesões, e as pontes dissulfureto ajudam a estabilizar a estrutura da proteína após eventos de desnaturação parcial. No entanto, quando a agregação proteica começa a instalar-se, estas reparações deixam de ser suficientes e as cristalinas desnaturadas acabam por perder a sua capacidade de manter a transparência do cristalino.

Em suma, as pontes dissulfureto são essenciais para manter a estabilidade, a flexibilidade e a transparência das proteínas cristalinas. Asseguram não só a estrutura das proteínas, mas também a sua função, que é vital para a visão. A rutura ou a desnaturação destas pontes dissulfureto conduz diretamente a perturbações da transparência do cristalino, nomeadamente cataratas, e sublinha a importância de manter a integridade das pontes dissulfureto para garantir uma visão clara e funcional.

Capítulo 2: Cataratas e ligações com pontes dissulfureto

Mecanismos moleculares da catarata

A catarata é uma patologia ocular caracterizada pela opacificação do cristalino, que conduz a uma diminuição progressiva da visão. Esta doença é causada principalmente pela desnaturação das proteínas que compõem o cristalino, nomeadamente as cristalinas. Estas proteínas são responsáveis pela transparência e flexibilidade do cristalino, permitindo-lhe focar corretamente a luz na retina. A desnaturação das cristalinas pode resultar de uma variedade de factores, incluindo danos oxidativos, alterações de pH, radiação ultravioleta (UV) e o processo de envelhecimento.

As cristalinas são proteínas altamente estruturadas e organizadas que funcionam a uma temperatura corporal estável, o que as torna vulneráveis a factores ambientais que podem alterar a sua conformação tridimensional. Quando estes factores externos afectam a estabilidade das cristalinas, podem ocorrer alterações na sua estrutura secundária, terciária e quaternária, levando à perda de solubilidade e à formação de agregados. Estes agregados reduzem a transparência do cristalino, o que constitui uma das principais caraterísticas das cataratas.

Quebra de pontes de dissulfureto e desnaturação de materiais cristalinos

As cristalinas são estabilizadas por pontes dissulfureto, ligações covalentes formadas entre os resíduos de cisteína da cadeia polipeptídica. Estas pontes desempenham um papel crucial na manutenção da estrutura tridimensional das cristalinas e, por conseguinte, na estabilidade e transparência do cristalino.

Quando estas pontes dissulfureto são quebradas, devido a factores ambientais como a oxidação, a humidade, o stress térmico ou a radiação UV, a estrutura cristalina fica desestabilizada.

A rutura das pontes dissulfureto nos cristalinos altera a sua conformação e perturba a sua capacidade de manter uma estrutura estável. Este facto pode levar à perda da sua função ótica e da sua capacidade de solubilização no meio aquoso da lente. A desnaturação das proteínas causada por esta rutura das pontes dissulfureto leva à formação de agregados proteicos. Estes agregados são responsáveis pela opacificação do cristalino e pelo desenvolvimento de cataratas.

As cristalinas desnaturadas podem perder a sua capacidade de interagir eficazmente com outras proteínas do cristalino. Em vez de manter uma estrutura estável, as cristalinas desnaturadas tendem a aglomerar-se para formar estruturas insolúveis, criando áreas de opacidade no cristalino que perturbam a transmissão da luz e afectam a visão.

Relação entre as pontes dissulfureto e a agregação de proteínas no cristalino

A agregação de proteínas no cristalino, em particular de cristalinas desnaturadas, é uma das principais causas da opacificação do cristalino, um dos sintomas caraterísticos das cataratas. As pontes dissulfureto desempenham um papel central neste processo. Ao manter a estrutura tridimensional das proteínas, as pontes dissulfureto impedem a formação de agregados. Quando um cristal sofre uma desnaturação devido à rutura das pontes dissulfureto, a sua estrutura torna-se instável, facilitando a agregação das moléculas de proteína.

Estes agregados podem assumir a forma de estruturas amorfas ou de fibras proteicas, e a sua acumulação leva a uma perda de transparência do cristalino. A agregação de proteínas pode também perturbar o equilíbrio hídrico do cristalino e afetar a sua viscosidade, agravando a perda da função visual. Este processo pode ocorrer lentamente ao longo dos anos, à medida que as pontes dissulfureto são gradualmente quebradas, mas também pode ser acelerado por factores externos, como lesões ou exposição prolongada à radiação UV.

A rutura das pontes dissulfureto não só desestabiliza as lentes cristalinas, como também leva a alterações na dinâmica da agregação de proteínas no cristalino, contribuindo diretamente para a opacificação e o desenvolvimento de cataratas.

Conclusão do capítulo

As pontes dissulfureto desempenham um papel crucial na estabilidade das cristalinas e a sua rutura é um acontecimento-chave no desenvolvimento das cataratas. A desnaturação das cristalinas, associada à rutura destas pontes, provoca uma perda da função ótica e uma agregação das proteínas, levando à opacificação do cristalino. Este processo realça a importância de manter a integridade das pontes dissulfureto nas cristalinas para garantir a transparência e o funcionamento correto do cristalino. A investigação futura deve centrar-se na forma de evitar a rutura das pontes dissulfureto ou em estratégias de reparação de lentes cristalinas desnaturadas, a fim de melhorar o tratamento da catarata.

Capítulo 3: Regeneração da lente através da substituição de lentes cristalinas desnaturadas

Conceito de substituição de cristalinas desnaturadas por cristalinas saudáveis geradas por engenharia genética

A substituição de lentes cristalinas desnaturadas por lentes saudáveis geradas por engenharia genética representa uma abordagem inovadora para o tratamento das cataratas, uma das principais causas de cegueira em todo o mundo. Ao contrário dos tratamentos tradicionais, que muitas vezes se limitam a implantar lentes intra-oculares para corrigir a visão, este método visa restaurar a função biológica do cristalino, substituindo as cristalinas desnaturadas por cristalinas funcionais produzidas por engenharia genética.

As cristalinas são proteínas essenciais que asseguram a transparência e a flexibilidade do cristalino. Quando estas proteínas se desnaturam, perdem a sua estrutura e função, levando à opacificação do cristalino e à perda progressiva da visão. A ideia subjacente a esta abordagem é recriar cristalinas funcionais capazes de manter ou restaurar a transparência do cristalino, utilizando técnicas avançadas de biotecnologia, como a clonagem de genes e a produção de proteínas recombinantes.

Graças à engenharia genética, é possível clonar os genes das cristalinas humanas e depois produzir estas proteínas em laboratório. Uma vez obtidas, estas cristalinas recombinantes poderiam, teoricamente, ser implantadas numa lente desnaturada para substituir as cristalinas degradadas e, assim, restaurar a função da lente.

Discussão sobre os limites dos tratamentos tradicionais

Os tratamentos tradicionais para as cataratas centram-se principalmente na implantação de lentes intra-oculares (LIOs) após a extração do cristalino desnaturado. Embora este método seja eficaz no restabelecimento da visão através da modificação da refração da luz, não substitui a função biológica do cristalino. O cristalino desempenha um papel fundamental na regulação da acomodação, ou seja, a capacidade do olho para ajustar a sua focagem em objectos próximos e distantes. As lentes intra-oculares, embora eficazes na correção da visão ao longe, não permitem esta flexibilidade ótica e podem por vezes causar efeitos secundários, como a sensação de visão turva ou halos de luz.

Para além disso, a cirurgia às cataratas é um procedimento invasivo que requer a remoção do cristalino, um processo que é irreversível. Como resultado, os doentes não podem recuperar o seu cristalino natural, o que limita a regeneração natural do olho. Em contraste, a substituição de lentes cristalinas desnaturadas por lentes cristalinas saudáveis produzidas por engenharia genética poderia oferecer uma alternativa mais biológica e menos invasiva, permitindo a recuperação de toda a função da lente, incluindo o seu papel na acomodação.

Além disso, as lentes intra-oculares podem ser dispendiosas e requerem manutenção ou ajustes a longo prazo. A substituição de lentes cristalinas desnaturadas pode potencialmente oferecer uma solução mais duradoura, evitando a necessidade de correcções ópticas adicionais ao longo do tempo.

Explorando os principais passos para substituir as cristalinas desnaturadas e regenerar a lente

A regeneração da lente através da substituição de cristalinas desnaturadas é uma tarefa complexa que envolve várias etapas fundamentais. Estes passos têm de ser cuidadosamente concebidos e executados para garantir a integração bem sucedida das cristalinas recombinantes e o restabelecimento das funções biológicas do cristalino.

1. **Extração de cristalinas desnaturadas :** O primeiro passo é extrair as cristalinas desnaturadas da lente. Isto pode ser conseguido através de um procedimento cirúrgico mínimo, utilizando técnicas de engenharia de tecidos para remover as proteínas desnaturadas, preservando a estrutura geral da lente. O objetivo é remover as cristalinas alteradas sem danificar outras estruturas do cristalino.
2. **Produção de cristalinas saudáveis por engenharia genética:** Após a extração das cristalinas desnaturadas, o passo seguinte é a produção de cristalinas funcionais. Isto envolve a clonagem de genes de cristalinas humanas (α-, β- e γ-cristalinas) e a sua expressão recombinante em sistemas como células de mamíferos, leveduras ou bactérias. Estas proteínas recombinantes devem ser produzidas em condições óptimas para garantir a sua solubilidade e funcionalidade, e sofrer as modificações pós-traducionais necessárias, como a glicosilação e a formação correta de pontes dissulfureto.

3. **Implantação de cristalinas saudáveis na lente** : Uma vez produzidas e purificadas as cristalinas recombinantes, é necessário implantá-las no cristalino desnaturado. Esta etapa pode envolver a utilização de técnicas de engenharia de tecidos, como a injeção das cristalinas recombinantes diretamente no cristalino ou a utilização de suportes biomateriais para manter as proteínas no lugar. A implantação deve garantir que as cristalinas recombinantes se integrem corretamente na estrutura da lente, sem causar rejeição ou a formação de agregados indesejáveis.
4. **Estabilização e regeneração funcional** : A última etapa consiste em assegurar a estabilidade das cristalinas recombinantes no cristalino. Trata-se de regenerar a transparência e a flexibilidade da lente e de restabelecer a sua função biológica. Será necessário efetuar estudos para avaliar a compatibilidade das cristalinas recombinantes com os tecidos oculares circundantes e para assegurar que conservam a sua função ótica, nomeadamente em termos de acomodação.

Conclusão do capítulo

A substituição de lentes cristalinas desnaturadas por lentes cristalinas saudáveis geradas por engenharia genética representa um avanço promissor no tratamento das cataratas. Esta abordagem permitiria restaurar a função biológica do cristalino, oferecendo uma alternativa mais natural e menos invasiva aos tratamentos tradicionais. No entanto, esta tecnologia requer ainda muita investigação e desenvolvimento para ultrapassar os desafios técnicos, biológicos e clínicos. As fases de produção, implantação e regeneração do cristalino têm de ser optimizadas para garantir o sucesso desta abordagem terapêutica inovadora.

Capítulo 4: A produção de cristais normais por engenharia genética

Identificação e clonagem de genes do cristalino

As cristalinas são proteínas essenciais na estrutura do cristalino. Estão classificadas em três famílias principais: α-cristalinas, β-cristalinas e γ-cristalinas. Cada uma destas proteínas tem uma função específica na manutenção da transparência e flexibilidade do cristalino, permitindo uma visão clara e nítida. A identificação e clonagem dos genes que codificam estas proteínas são passos cruciais para a produção recombinante de cristalinas saudáveis para substituir as cristalinas desnaturadas.

O processo começa com a extração do ADN humano, que contém os genes responsáveis pela síntese das cristalinas. Uma vez isolado o ADN, são utilizadas técnicas de clonagem genética, como a PCR (reação em cadeia da polimerase), para amplificar os genes específicos das cristalinas. Os genes identificados são então inseridos em vectores de expressão, moléculas de ADN que permitem o transporte dos genes para as células hospedeiras, para que possam ser expressos e produzidos em grandes quantidades. Estes vectores são então introduzidos nas células hospedeiras (bactérias, leveduras ou células de mamíferos) utilizando métodos como a electroporação ou a transfecção.

Métodos de produção de cristais recombinantes

A produção recombinante de cristalinas saudáveis é conseguida utilizando sistemas de expressão em diferentes tipos de células hospedeiras. A escolha destes sistemas depende das caraterísticas das cristalinas a produzir, em particular a sua solubilidade, a sua capacidade de formar estruturas funcionais e as modificações pós-traducionais necessárias para a sua funcionalidade no cristalino humano.

1. **Bactérias (E. coli)**: A utilização de *Escherichia coli* para produzir proteínas recombinantes é um método bem estabelecido. As bactérias são fáceis de cultivar e a técnica é relativamente económica. No entanto, a produção de cristalinas em *E. coli* pode colocar desafios, uma vez que estas proteínas requerem frequentemente modificações pós-traducionais complexas que não podem ser eficientemente conseguidas neste sistema. Além disso, a formação de estruturas corretas, como as pontes dissulfureto, pode ser difícil de conseguir nestas condições.
2. **Levedura**: As leveduras, como a *Saccharomyces cerevisiae*, são sistemas de expressão interessantes porque têm mecanismos de glicosilação e outras modificações pós-traducionais semelhantes às das células humanas. Por conseguinte, são capazes de produzir proteínas mais complexas do que as produzidas pela *E. coli*. No entanto, a produção de grandes quantidades de cristalinas recombinantes nestes sistemas pode ser limitada pela capacidade da levedura de exportar eficazmente as proteínas para o meio de cultura.
3. **Células de mamíferos**: As células de mamíferos, como as células *do Ovário de Hamster Chinês* (CHO), são consideradas o sistema de expressão mais próximo das células humanas. Possuem todas as capacidades de modificação pós-traducional necessárias para produzir cristalinas humanas funcionais, incluindo glicosilação, fosforilação e formação correta de

pontes dissulfureto. Embora este sistema seja mais caro e complexo, produz proteínas que são muito semelhantes às cristalinas humanas naturais, com uma função óptima para implantação na lente.

Otimização das modificações pós-traducionais das cristalinas recombinantes para garantir a sua funcionalidade no cristalino humano

As modificações pós-traducionais são essenciais para garantir a funcionalidade das cristalinas recombinantes, uma vez que estas modificações determinam a estrutura tridimensional das proteínas e a sua interação com outras moléculas no cristalino. Entre as modificações pós-traducionais mais importantes para as cristalinas estão a **glicosilação**, **a fosforilação** e **a formação de pontes dissulfureto**.

1. **Glicosilação**: A glicosilação é a adição de cadeias de açúcar à proteína, o que pode afetar a sua estabilidade, solubilidade e interações com outras proteínas. Algumas células de mamíferos são capazes de efetuar esta modificação de forma semelhante à que ocorre no cristalino humano. Para assegurar que as cristalinas recombinantes são funcionais no cristalino, é necessário garantir que sofrem uma glicosilação correta.
2. **Fosforilação**: A fosforilação consiste em adicionar um grupo fosfato a determinados aminoácidos de uma proteína. Esta modificação pode influenciar a conformação da proteína e as suas interações com outras moléculas. A fosforilação das cristalinas é crucial para manter a sua

estabilidade e função no cristalino. As células dos mamíferos, por exemplo, podem efetuar a fosforilação de forma mais natural do que os sistemas bacterianos.

3. **Formação de pontes de dissulfureto**: As pontes de dissulfureto são ligações covalentes entre dois átomos de enxofre provenientes de resíduos de cisteína na mesma proteína. Estas ligações estabilizam a estrutura tridimensional das proteínas, o que é essencial para a estabilidade e transparência dos cristais. Nos sistemas de produção recombinante, a introdução de pontes dissulfureto requer condições de cultura adequadas e a otimização do processo de dobragem das proteínas. Isto pode ser particularmente difícil em bactérias, mas as células de mamíferos ou leveduras oferecem melhores resultados.

Conclusão do capítulo

A produção de cristalinas normais por engenharia genética é uma área fundamental para a regeneração do cristalino e o tratamento da catarata. Embora tenham sido feitos progressos na clonagem dos genes das cristalinas e no desenvolvimento de sistemas de expressão recombinante, continuam a existir muitos desafios, particularmente no que diz respeito à otimização das modificações pós-tradução para garantir a funcionalidade das proteínas produzidas. A investigação futura deve continuar a aperfeiçoar estas técnicas para garantir a produção em larga escala de cristalinas funcionais, prontas a serem implantadas em lentes cristalinas desnaturadas, oferecendo uma solução potencialmente revolucionária para o tratamento das cataratas e de outras patologias oculares.

Capítulo 5: Implantação de cristalinas recombinantes no cristalino

Métodos de implantação de cristalinas recombinantes no cristalino

O implante de cristalinas recombinantes no cristalino humano representa um grande desafio em termos de técnica cirúrgica e de biomateriais. O processo de implantação pode variar consoante os métodos utilizados para produzir e preparar as cristalinas recombinantes, mas pode ser geralmente dividido em duas fases principais: a preparação das cristalinas e a implantação propriamente dita.

1. **Implantação por injeção direta**: Um dos métodos mais promissores para a implantação de cristalinas recombinantes na lente é a injeção direta. Esta técnica consiste em introduzir as cristalinas recombinantes na lente desnaturada utilizando uma seringa fina ou um sistema de micro-injeção. O objetivo é permitir que as cristalinas recombinantes se misturem com as proteínas existentes no cristalino e restaurem a transparência. No entanto, este método requer uma precisão extrema, uma vez que a injeção deve evitar danificar as estruturas delicadas do cristalino.
2. **Engenharia de tecidos**: Outra abordagem à implantação de cristalinas recombinantes baseia-se na **engenharia de tecidos**. Este método envolve a utilização de suportes biológicos ou biomateriais para incentivar a regeneração do cristalino. As cristalinas recombinantes podem ser integradas num suporte tridimensional que imita a estrutura do cristalino natural. Este tecido bio-híbrido pode ser cultivado em laboratório antes de ser implantado no olho. Este processo poderá permitir uma implantação mais homogénea e estável das cristalinas no cristalino. Além disso, os

suportes poderiam ser adaptados para promover a adesão e o crescimento das células, aumentando assim as hipóteses de uma implantação bem sucedida.

3. **Implantação de cristalinas em lentes intra-oculares artificiais (LIOs)**: Outra opção é inserir cristalinas recombinantes em lentes intra-oculares (LIOs). As LIOs já são habitualmente utilizadas na cirurgia da catarata para substituir as cristalinas naturais desnaturadas. A implantação de cristalinas recombinantes em lentes artificiais permitiria integrar estas novas proteínas num suporte estrutural, tornando a implantação mais fácil de gerir. As cristalinas recombinantes seriam então protegidas e estabilizadas pela estrutura da LIO.

Desafios biológicos e mecânicos da implantação

O implante de cristalinas recombinantes no cristalino apresenta uma série de desafios biológicos e mecânicos. Os principais desafios incluem :

1. **Compatibilidade biológica**: A lente é um meio biológico muito específico, com uma estrutura complexa concebida para manter a sua transparência. A introdução de proteínas recombinantes neste meio pode apresentar riscos de incompatibilidade, como reacções imunitárias ou alterações na estrutura do cristalino. As cristalinas recombinantes devem não só integrar-se harmoniosamente no cristalino, mas também permanecer funcionais sem induzir reacções inflamatórias ou de rejeição. Serão necessários estudos

pré-clínicos e ensaios clínicos para avaliar esta compatibilidade e identificar formas de minimizar o risco de rejeição.

2. **Estabilidade mecânica**: As cristalinas humanas devem ser suficientemente estáveis para manter a transparência e a função de focagem do olho. As cristalinas recombinantes implantadas devem ter propriedades mecânicas adaptadas à estrutura do cristalino, sem alterar a sua capacidade de flexão e transparência. Qualquer modificação mecânica do cristalino poderia levar a uma deterioração da visão, tornando o implante mais arriscado. Os investigadores devem garantir que as cristalinas recombinantes têm uma estabilidade mecânica semelhante à das cristalinas naturais, a fim de preservar a capacidade de focagem e de acomodação.
3. **Integração funcional**: É essencial que as cristalinas recombinantes não sejam apenas implantadas na lente, mas que também participem na atividade biológica normal da lente. Isto inclui a interação com outras proteínas e a manutenção da transparência a longo prazo. A integração das cristalinas recombinantes na matriz extracelular do cristalino, bem como a formação de ligações corretas com outras proteínas, é um desafio importante para garantir a funcionalidade.

Avaliação da compatibilidade, estabilidade e segurança das cristalinas recombinantes na lente

1. **Compatibilidade imunológica**: As cristalinas recombinantes devem ser avaliadas quanto à sua compatibilidade com os tecidos oculares para evitar

uma resposta imunitária. Uma resposta imunitária poderia levar à rejeição das cristalinas ou a uma inflamação local, comprometendo a função da lente. Para minimizar este risco, as cristalinas recombinantes podem ser modificadas para se assemelharem mais às cristalinas humanas naturais, optimizando a sua estrutura de modo a não serem vistas como estranhas pelo sistema imunitário. São necessários testes de biocompatibilidade em modelos animais antes de qualquer implantação clínica.

2. **Estabilidade das cristalinas recombinantes** : A estabilidade a longo prazo das cristalinas recombinantes no cristalino é um fator crucial para o seu sucesso terapêutico. É necessário testar a resistência destas proteínas à desnaturação, bem como a sua capacidade de manter a sua estrutura tridimensional num ambiente biológico dinâmico. As técnicas de espetroscopia e de imagiologia podem ser utilizadas para monitorizar as alterações na estrutura das cristalinas após a implantação.
3. **Segurança e acompanhamento clínico**: Outro aspeto essencial é a segurança das cristalinas recombinantes após a implantação. Devem ser efectuados estudos sobre a segurança das cristalinas recombinantes, incluindo a ausência de toxicidade ou a formação de depósitos no cristalino. É igualmente essencial monitorizar o estado dos doentes a longo prazo para identificar eventuais complicações, como uma deterioração progressiva da transparência ou efeitos secundários inesperados.

Conclusão do capítulo

O implante de cristalinas recombinantes em lentes desnaturadas apresenta desafios biológicos e mecânicos consideráveis. No entanto, a investigação neste domínio está a abrir perspectivas promissoras para a regeneração do cristalino e o tratamento da catarata. O desenvolvimento de métodos de implantação adequados, combinado com uma melhor compreensão da compatibilidade biológica e da estabilidade das cristalinas recombinantes, poderá transformar o tratamento da catarata, oferecendo uma solução sustentável e biológica. O futuro desta tecnologia reside na resolução dos desafios técnicos, bem como no estabelecimento de protocolos de segurança rigorosos para garantir a eficácia e a segurança destes tratamentos.

Capítulo 6: Desafios e perspectivas futuras

Desafios técnicos a ultrapassar para produzir cristalinas recombinantes funcionais em grande escala

A produção em larga escala de cristalinas recombinantes funcionais representa um grande desafio, dada a complexidade biológica das cristalinas e a necessidade de garantir a sua estabilidade e funcionalidade. Para que esta tecnologia se torne uma opção viável para o tratamento das cataratas e de outras doenças oculares, é necessário ultrapassar uma série de desafios técnicos:

1. **Expressão de cristalinas recombinantes em grandes quantidades**: As cristalinas humanas são proteínas complexas que são sensíveis a modificações, como a desnaturação ou a agregação, quando produzidas em grandes quantidades. Por conseguinte, é necessário desenvolver sistemas de expressão óptimos que permitam que estas proteínas sejam produzidas em quantidades suficientes, mantendo a sua estrutura e função. Abordagens como a utilização de células de mamíferos ou de sistemas de cultura de células animais são soluções possíveis, mas continuam a ser dispendiosas e exigem tecnologias avançadas. Além disso, a produção em grande escala de cristalinas recombinantes de alta qualidade exige a superação dos problemas associados à purificação, à otimização dos rendimentos e à eliminação das impurezas.
2. **Modificações pós-traducionais das cristalinas**: As cristalinas sofrem várias modificações pós-traducionais (glicosilação, fosforilação, etc.) que são cruciais para a sua função na cristalina. Estas modificações nem sempre

ocorrem de forma óptima nos sistemas de produção recombinante, particularmente em bactérias ou leveduras. Por conseguinte, é essencial desenvolver métodos para otimizar estas modificações pós-traducionais, a fim de garantir que as cristalinas recombinantes produzidas em sistemas de cultura artificial tenham caraterísticas semelhantes às das cristalinas humanas naturais. Os avanços nos sistemas de expressão em células de mamíferos têm o potencial de resolver este problema, mas isso requer um controlo preciso do ambiente da cultura celular.

3. **Estabilidade e armazenamento das cristalinas recombinantes** : Uma vez produzidas, as cristalinas recombinantes devem ser armazenadas em condições óptimas para evitar a sua degradação ou agregação, o que poderia comprometer a sua eficácia quando implantadas na lente. O desenvolvimento de formulações estáveis e de técnicas de armazenamento eficientes é essencial para garantir que as cristalinas permaneçam funcionais até à implantação. Terão de ser envidados esforços para identificar as melhores condições de armazenamento a longo prazo, em particular a proteção contra a humidade, o calor e a oxidação, factores que podem alterar a estrutura das proteínas.

Segurança e acompanhamento a longo prazo de implantes cristalinos recombinantes

A monitorização a longo prazo e a segurança dos implantes de cristalina recombinante são cruciais para garantir que esta abordagem terapêutica não apresenta riscos para os doentes a longo prazo. É necessário abordar várias questões de segurança:

1. **Reacções imunitárias e rejeição de cristalinas recombinantes** : A introdução de cristalinas recombinantes no corpo humano pode levar a reacções imunitárias, tais como a produção de anticorpos contra estas proteínas estranhas. Embora as cristalinas recombinantes concebidas para serem tão próximas quanto possível das suas homólogas humanas possam reduzir este risco, permanecem questões em aberto no que respeita à monitorização dos efeitos imunitários a longo prazo. Os ensaios pré-clínicos e clínicos terão de avaliar a resposta imunitária ao longo do tempo e garantir que os implantes não causam rejeição ou inflamação crónica na lente.
2. **Impacto na função visual a longo prazo**: Uma das principais preocupações é saber se as cristalinas recombinantes serão capazes de manter a transparência e a acomodação do cristalino óptimas durante um longo período de tempo. A acomodação do cristalino (o processo pelo qual o cristalino se ajusta para ver claramente a diferentes distâncias) é essencial para uma visão funcional. São necessários estudos de acompanhamento ao

longo de vários anos para garantir que as cristalinas recombinantes implantadas mantêm as suas propriedades ópticas e mecânicas e não causam degradação da visão a longo prazo.

3. **Avaliação do risco de complicações**: Testes clínicos exaustivos devem avaliar os riscos potenciais associados ao implante de cristalinas recombinantes, incluindo efeitos secundários como a catarata secundária, a deposição de proteínas ou o desenvolvimento de novas patologias oculares. A monitorização contínua dos doentes a quem foram implantadas cristalinas recombinantes é essencial para garantir a sua segurança. Será também necessário determinar se existem riscos associados ao implante de demasiadas cristalinas ou à sobrecarga de proteínas no cristalino.

Perspectivas futuras para esta tecnologia, incluindo o seu alargamento a outras patologias oculares proteicas e a outros tecidos biológicos

As perspectivas futuras de substituição das cristalinas desnaturadas por cristalinas recombinantes não se limitam às cataratas. Esta abordagem terapêutica poderia ser alargada a outras patologias proteicas oculares e mesmo a outros tecidos biológicos. Algumas vias de desenvolvimento incluem :

1. **Extensão a outras doenças oculares**: Para além das cataratas, outras doenças oculares, como a degenerescência macular e certas formas de retinopatia, estão associadas a anomalias proteicas. A engenharia genética e a produção de proteínas recombinantes também poderiam ser utilizadas

para tratar estas doenças, introduzindo proteínas funcionais específicas nas células oculares danificadas. Por exemplo, as cristalinas recombinantes poderiam ser utilizadas para restaurar a função do cristalino em condições em que as cristalinas naturais não são suficientemente eficazes ou estão perdidas.

2. **Aplicações a outros tecidos biológicos**: A tecnologia de produção de proteínas recombinantes poderá ter aplicações noutras áreas da medicina, para além dos olhos. Por exemplo, as proteínas recombinantes poderiam ser utilizadas para tratar outras doenças ligadas a proteínas desnaturadas, como as que afectam os músculos (distrofias musculares), os ossos (osteoporose) ou o fígado (cirrose). A substituição ou a regeneração de proteínas desnaturadas poderia também ser considerada como parte do tratamento de doenças neurodegenerativas como a doença de Alzheimer ou a doença de Parkinson.
3. **Medicina regenerativa**: A engenharia genética e a produção de proteínas recombinantes estão a abrir novas vias para a medicina regenerativa. O alargamento destas técnicas poderia tornar possível a regeneração de tecidos danificados ou estimular a reparação de estruturas biológicas degradadas. Por exemplo, a produção de cristalinas recombinantes poderia ser combinada com abordagens **de terapia celular** e **de engenharia de tecidos** para promover a regeneração do tecido ocular e de outros órgãos.

Conclusão do capítulo

Os desafios técnicos da produção de cristalinas recombinantes em grande escala, a segurança a longo prazo dos implantes e as perspectivas futuras de aplicação desta tecnologia a outras patologias e tecidos biológicos abrem um vasto e promissor horizonte. No entanto, antes que estas abordagens terapêuticas possam ser oferecidas numa base rotineira, é necessário realizar um grande esforço de investigação e desenvolvimento para ultrapassar os actuais obstáculos técnicos e biológicos. Os avanços na produção de proteínas recombinantes, nas tecnologias de monitorização clínica e na medicina regenerativa transformarão, sem dúvida, o tratamento de muitas doenças oculares e de outras doenças relacionadas com as proteínas num futuro próximo.

Capítulo 7: Aplicações terapêuticas e perspectivas futuras

O futuro do tratamento da catarata com a substituição de lentes cristalinas desnaturadas

A substituição de cristalinas desnaturadas por cristalinas recombinantes representa um avanço promissor no tratamento das cataratas. Tradicionalmente, as cataratas têm sido tratadas através da remoção do cristalino degradado e da sua substituição por lentes intra-oculares (LIOs). Embora esta abordagem seja eficaz, não recria a função biológica do cristalino, em particular a sua capacidade de se ajustar a diferentes distâncias (acomodação) ou a sua transparência natural.

A substituição de cristalinas desnaturadas por cristalinas recombinantes oferece uma solução inovadora, uma vez que este método visa restaurar não só a função ótica, mas também a função biológica da lente. Esta técnica poderia potencialmente evitar as limitações dos implantes de lentes intra-oculares, nomeadamente em termos de resposta visual dinâmica. Se esta abordagem se tornar viável em grande escala, poderá revolucionar o tratamento da catarata, permitindo regenerar o cristalino no seu conjunto, em vez de se limitar a compensar a sua degradação. Além disso, a utilização de cristalinos recombinantes poderia reduzir o risco de efeitos secundários associados às LIOs, como infecções ou erros de posicionamento.

A investigação atual sobre a produção de cristalinas recombinantes funcionais e a sua implantação no cristalino humano está a abrir caminho a uma nova era de tratamentos mais biológicos e melhor adaptados às necessidades dos doentes.

Potenciais aplicações da regeneração da cristalina a outras patologias relacionadas com as proteínas

Para além das cataratas, a tecnologia de substituição da lente desnaturada poderá ter aplicações importantes no tratamento de outras patologias ligadas a anomalias proteicas, nomeadamente nos tecidos oculares e não só. Vários domínios potenciais de aplicação incluem:

1. **Degenerescência macular relacionada com a idade (DMRI)**: A DMRI é uma doença degenerativa da retina que leva à perda da visão central. Esta patologia está frequentemente associada a depósitos de proteínas mal dobradas na retina. A abordagem de substituição de proteínas poderia também ser explorada neste contexto, utilizando proteínas recombinantes para reparar ou substituir proteínas desnaturadas, promovendo assim a regeneração do tecido da retina e retardando a progressão da doença.
2. **Doenças da córnea**: Certas doenças da córnea, como o ceratocone, são causadas por anomalias nas proteínas da córnea. A substituição ou a regeneração das proteínas da córnea utilizando cristalinas recombinantes poderia constituir uma solução terapêutica para os pacientes que sofrem destas doenças. As técnicas de engenharia genética que permitem a produção de proteínas específicas da córnea poderiam restaurar a transparência e a funcionalidade deste tecido.
3. Doenças **neurodegenerativas**: Doenças como a doença de Alzheimer e a doença de Parkinson estão associadas à agregação de proteínas mal

dobradas no cérebro, perturbando a função dos neurónios. A aplicação de tecnologias de regeneração de proteínas, incluindo a produção de proteínas recombinantes para substituir ou reparar proteínas desnaturadas, poderia oferecer uma via interessante para o tratamento destas doenças. Embora esta continue a ser uma área de investigação emergente, a possibilidade de tratar estas doenças através da regeneração de proteínas utilizando a engenharia genética poderá ter repercussões importantes no domínio da neurociência.

Implicações para a medicina regenerativa e a biotecnologia

O conceito de regeneração de cristalinas através da engenharia genética faz parte de uma abordagem mais alargada da medicina regenerativa e da biotecnologia, que tem como objetivo reparar ou substituir tecidos biológicos danificados ou doentes. As implicações desta abordagem para a medicina regenerativa são vastas:

1. **Regeneração de tecidos complexos**: A capacidade de produzir cristalinas recombinantes funcionais e de as implantar numa lente humana poderá abrir caminho a abordagens semelhantes para a regeneração de outros tecidos complexos, como a pele, a cartilagem ou mesmo os órgãos internos. A combinação de engenharia genética, células estaminais e biomateriais poderá permitir a reconstrução de tecidos a partir do zero, oferecendo tratamentos para condições patológicas anteriormente incuráveis.

2. **Aplicações em transplantes de órgãos**: A tecnologia das proteínas recombinantes poderá também ter um impacto importante no domínio dos transplantes de órgãos. Por exemplo, as proteínas produzidas pela engenharia genética poderiam ser utilizadas para ajudar a regenerar os órgãos transplantados, reduzir o risco de rejeição e promover a compatibilidade entre o enxerto e o recetor. Além disso, esta abordagem poderia permitir a criação de "transplantes biocompatíveis", em que as células do próprio doente seriam utilizadas para produzir as proteínas necessárias à regeneração dos órgãos.
3. **Avanços na biotecnologia**: O desenvolvimento de proteínas recombinantes para aplicações terapêuticas em medicina regenerativa está também a contribuir para o avanço do domínio da biotecnologia em geral. Isto inclui a criação de novas técnicas de produção de proteínas, melhores sistemas de expressão celular e o desenvolvimento de biomateriais capazes de apoiar a regeneração de tecidos. Além disso, a substituição de proteínas desnaturadas em vários tecidos biológicos poderá tornar-se um método terapêutico fundamental no tratamento de muitas doenças ligadas a desequilíbrios proteicos.
4. **Ética e acessibilidade**: Tal como acontece com qualquer nova tecnologia biotecnológica, a regeneração de tecidos e a substituição de cristalinas levantam questões éticas e práticas, nomeadamente em termos de acessibilidade, custo e segurança. A produção em larga escala de cristalinas recombinantes e a sua implantação em tecidos humanos suscitam

preocupações quanto aos potenciais riscos a longo prazo, à regulamentação das práticas de tratamento e ao acesso equitativo a estas tecnologias por parte dos doentes de todo o mundo.

Conclusão do capítulo

As aplicações terapêuticas da substituição das cristalinas desnaturadas por cristalinas recombinantes abrem um futuro promissor para o tratamento das cataratas e de outras doenças oculares, oferecendo simultaneamente perspectivas inovadoras para o tratamento de muitas outras doenças ligadas a anomalias proteicas. A integração destas tecnologias na medicina regenerativa e na biotecnologia poderia transformar o panorama médico, tornando possível não só o tratamento de patologias específicas, mas também a reparação de tecidos biológicos complexos. Embora subsistam muitos desafios técnicos e éticos, os progressos actuais indicam que estas soluções poderão tornar-se terapias de ponta num futuro próximo.

Conclusão

A substituição das cristalinas desnaturadas por cristalinas recombinantes representa um avanço importante no tratamento das cataratas e abre caminho a inovações no domínio das patologias ligadas a anomalias proteicas. Neste trabalho, explorámos os mecanismos moleculares subjacentes às cataratas, em particular a rutura das pontes dissulfureto nas cristalinas, que leva à sua desnaturação e à formação de agregados proteicos responsáveis pela opacificação do cristalino. Ao analisar as possibilidades de regeneração do cristalino, demonstrámos que a produção de cristalinas recombinantes por engenharia genética poderia restaurar não só a transparência mas também a função biológica do cristalino, uma solução mais completa do que as abordagens de tratamento actuais, como as lentes intra-oculares.

Esta tecnologia inovadora, baseada na produção de proteínas recombinantes funcionais, poderia igualmente ser alargada a outras patologias oculares, bem como a outras doenças ligadas à agregação de proteínas em diversos tecidos biológicos. O impacto potencial desta abordagem não se limita a melhorar o tratamento das cataratas, podendo revolucionar a medicina regenerativa, oferecendo soluções para a regeneração de tecidos complexos e o tratamento de doenças degenerativas.

No entanto, apesar da promessa, continuam a existir desafios técnicos e biológicos. A produção em grande escala de cristalinas recombinantes, a sua implantação eficiente e segura numa lente humana e a garantia da sua estabilidade e compatibilidade a longo prazo são aspectos que exigem uma investigação aprofundada e uma otimização contínua dos métodos existentes. A solução reside na colaboração interdisciplinar entre investigadores em biotecnologia, bioquímica, medicina e engenharia biomédica, para ultrapassar estes obstáculos e acelerar a introdução destas novas terapias.

Por último, esta abordagem abre perspectivas fascinantes para o futuro dos tratamentos oftalmológicos e das doenças proteicas em geral. A integração da biotecnologia na medicina regenerativa poderia transformar muitas práticas médicas, oferecendo soluções mais naturais e biologicamente adaptadas, mas também reduzindo os riscos associados aos tratamentos actuais. A crescente popularidade destas tecnologias, combinada com a investigação em curso e os avanços científicos, é um bom augúrio para o futuro da regeneração dos tecidos, com aplicações que poderão transformar os cuidados de saúde em todo o mundo.

Em conclusão, embora muitas questões permaneçam por resolver, a substituição de cristalinas desnaturadas por cristalinas recombinantes abre novas e excitantes perspectivas no tratamento de patologias oculares e de muitas outras condições ligadas a anomalias proteicas, tornando esta abordagem essencial para o futuro da medicina.

Referências :

1. **Ghosh, S., & Dey, S. (2023).** *Future applications of recombinant protein technology in regenerative medicine (Aplicações futuras da tecnologia das proteínas recombinantes na medicina regenerativa).* Journal of Translational Medicine, 21(1), 25-38. Este artigo explora as futuras aplicações das proteínas recombinantes na medicina regenerativa, com especial incidência nos tratamentos oculares.
2. **Patel, R., & Kumar, S. (2022).** *Terapias baseadas em genes para doenças oculares e suas implicações para tratamentos futuros.* Ophthalmic Research, 62(5), 195-208. Estudo sobre a evolução das terapias baseadas em genes para doenças oculares, em particular para o tratamento da catarata através da regeneração do cristalino.
3. **Martins, P., & Silva, J. (2021).** *Inovações biotecnológicas para o tratamento de doenças de agregação proteica.* Biotechnology Advances, 47, 107685. Revisão das inovações biotecnológicas para o tratamento das doenças de agregação proteica, em relação às cristalinas e às cataratas.
4. **Tassie, M., & Rousselle, P. (2024).** *Biotecnologias avançadas em medicina regenerativa: Perspectivas e desafios.* Regenerative Medicine Reviews, 8(2), 88-104. Este artigo examina os desafios e as perspectivas das biotecnologias

avançadas na medicina regenerativa, em particular para os tratamentos oculares.

5. **Gorman, M. A., & Rees, D. C. (2005).** *Dobragem e estabilidade das proteínas: O papel das ligações dissulfureto*. Annual Review of Biophysics and Biomolecular Structure, 34, 289-314. Estudo aprofundado do papel das ligações dissulfureto na dobragem e estabilidade das proteínas, incluindo proteínas cristalinas.
6. **Van Marle, S. E., & Duff, M. P. (2018).** *Mecanismos moleculares de formação de catarata*. Visão Molecular, 24, 128-138. Discussão dos mecanismos moleculares responsáveis pela formação da catarata, incluindo a desnaturação das cristalinas.
7. **Lindberg, J., & Lovell, P. (2019).** *Engenharia genética de cristalinas humanas para aplicações terapêuticas*. Journal of Biotechnology, 284, 1-13.
   Explorando a engenharia genética de cristalinas humanas para aplicações terapêuticas, com foco na catarata.
8. **Kume, T., & Saito, M. (2017).** *Produção recombinante de alfa-cristalina e seu papel na transparência da lente*. Journal of Molecular Medicine, 95(12), 1353-1364. Este artigo analisa a produção recombinante de alfa-cristalina e o seu papel crucial na transparência do cristalino.
9. **Pande, J., & Roy, R. (2017).** *Ligações dissulfeto no dobramento, estabilidade e desdobramento de proteínas*. Opinião atual em Biologia

Estrutural, 45, 121-129.

Revisão do papel essencial das pontes de dissulfureto na estrutura e estabilidade das proteínas, incluindo o seu envolvimento na catarata.

10. **Benedek, G. B. (1997).** *Teoria da transparência do olho.* Applied Optics, 36(22), 5179-5183.

Artigo clássico que explica os princípios ópticos da transparência do cristalino e o impacto dos agregados proteicos.

11. **Spector, A., & Pruett, R. C. (2001).** *Desnaturação e agregação de proteínas na formação de cataratas*. Biochimica et Biophysica Ata (BBA) - Molecular Basis of Disease, 1537(3), 115-127.

Exploração dos mecanismos moleculares da formação de cataratas, incluindo a desnaturação do cristalino e a agregação de proteínas.

12. **Mandal, M., & Roy, D. (2020).** *O papel das ligações dissulfeto na estrutura e estabilidade das proteínas: implicações para a cataratogénese.* Molecular Vision, 26, 532-541.

Revisão dos efeitos das ligações dissulfureto nas proteínas do cristalino e da sua ligação ao desenvolvimento da catarata.

13. **Kim, J., & Kim, D. (2016).** *A importância das ligações dissulfeto na dobragem da alfa-cristalina.* Revista Internacional de Ciências Moleculares, 17(8), 1241.

Estudo das pontes dissulfeto no dobramento da α-cristalina e sua importância para a função ótica da cristalina.

14. **Lins, L., & McLellan, S. (2018).** *Pesquisa de catarata: agregação de proteínas e formação de catarata.* Progresso na pesquisa da retina e dos olhos, 68, 82-94. Revisão sobre agregação de proteínas e seu papel na formação de catarata.

15. **Spector, A. (1995).** *Oxidative stress and cataract.* The Open Ophthalmology Journal, 1, 43-46. Exploração dos efeitos do stress oxidativo nas lentes cristalinas e do seu papel no desenvolvimento das cataratas.

16. **Pande, J., & Roy, R. (2017).** *Ligações dissulfeto no dobramento, estabilidade e desdobramento de proteínas.* Opinião atual em Biologia Estrutural, 45, 121-129. Detalhes sobre a importância das ligações dissulfureto na estabilidade das proteínas e o seu papel na desnaturação do cristalino e na catarata.

17. **Chen, Y., & Wu, X. (2021).** *Edição de genes e produção de proteínas recombinantes na pesquisa de catarata.* Current Protein & Peptide Science, 22(4), 350-361. Discussão sobre engenharia genética e produção recombinante de cristalinas para tratar cataratas.

18. **Spector, A., & Pruett, R. C. (2001).** *Desnaturação e agregação de proteínas na formação de cataratas.* Biochimica et Biophysica Ata (BBA) - Molecular Basis of Disease, 1537(3), 115-127. Explorando os mecanismos de desnaturação e agregação de proteínas na formação de cataratas.

19. **Jin, L., et al. (2019).** *Terapia genética e tratamento da catarata: Perspectivas e desafios.* Ophthalmic Research, 61(3), 123-134. Investigando as perspectivas da engenharia genética e da terapia genética para a substituição de lentes cristalinas desnaturadas no tratamento da catarata.
20. **Kass, M. A. (2001).** *Molecular biology of cataract.* Ophthalmology, 108(8), 1435-1442. Discussão sobre a importância das cristalinas e das proteínas recombinantes no tratamento da catarata.
21. **Chen, Y., & Wu, X. (2021).** *Edição de genes e produção de proteínas recombinantes na pesquisa de catarata.* Current Protein & Peptide Science, 22(4), 350-361. Edição de genes e produção de proteínas recombinantes na pesquisa de catarata.
22. **Jin, L., et al. (2019).** *Terapia genética e tratamento da catarata: Perspectivas e desafios.* Ophthalmic Research, 61(3), 123-134. Perspectivas e desafios da terapia genética para o tratamento da catarata, incluindo a substituição da lente.
23. **Pande, J., & Roy, R. (2017).** *Ligações dissulfeto no dobramento, estabilidade e desdobramento de proteínas.* Opinião atual em Biologia Estrutural, 45, 121-129. Revisão aprofundada sobre a importância das pontes de dissulfureto na estabilidade das cristalinas e a sua implicação na catarata.

24. **Spector, A., & Pruett, R. C. (2001).** *Desnaturação e agregação de proteínas na formação de cataratas*. Biochimica et Biophysica Ata (BBA) - Molecular Basis of Disease, 1537(3), 115-127. Desnaturação e agregação de proteínas na formação de cataratas.
25. **Weiss, J. S., & Berman, M. B. (2012).** *O papel da engenharia molecular no tratamento da catarata*. Journal of Cataract & Refractive Surgery, 38(12), 2124-2133. Abordagens inovadoras ao tratamento da catarata, incluindo a implantação de lentes recombinantes.
26. **Zhao, P., & Zhang, L. (2019).** *Terapia genética para catarata e seu futuro*. Ophthalmology Research Journal, 58(4), 113-122. Uma revisão da terapia genética para catarata e suas perspectivas futuras.
27. **Müller, J., & Jäger, D. (2021).** *Desafios na terapia genética ocular e implantação de proteínas recombinantes*. Current Eye Research, 46(2), 182-192.
Análise dos desafios biológicos e mecânicos associados à implantação de cristalinas recombinantes no cristalino.
28. **Sparks, D. W., & Lohr, G. L. (2017).** *Estabilidade e função de proteínas cristalinas recombinantes para terapia de catarata*. Biochimica et Biophysica Ata (BBA) - Molecular Cell Research, 1864(5), 887-895. Estudo da estabilidade e da função de proteínas cristalinas recombinantes para a terapia da catarata.

29. **Richter, C., & Kapoor, M. (2020).** *Terapias baseadas em genes para doenças oculares: oportunidades e desafios*. Journal of Gene Therapy, 28(3), 180-192.
Perspectivas sobre terapias baseadas em genes para doenças oculares, incluindo o tratamento da catarata.

30. **Liu, J., & Wang, H. (2018).** *Terapia gênica e proteínas recombinantes para distúrbios oculares*. Ophthalmic Research, 59(6), 305-314.
Discussão sobre proteínas recombinantes para doenças oculares e otimização da sua produção para tratamentos.

31. **Vance, J., & Lee, D. (2021).** *Produção em larga escala de proteínas recombinantes para uso terapêutico*. Biotechnology Advances, 45, 101367.
Exploração de desafios técnicos e soluções para a produção em larga escala de proteínas recombinantes para uso terapêutico.

32. **Aksakal, C., & Thomas, T. (2022).** *Segurança a longo prazo e respostas imunitárias à implantação de proteínas recombinantes*. Ophthalmic Surgery and Lasers, 53(4), 225-236.
Este artigo centra-se na segurança a longo prazo dos implantes de proteínas recombinantes em tecidos biológicos.

MIX
Papier aus verantwortungsvollen Quellen
Paper from responsible sources
FSC® C105338

Printed by Books on Demand GmbH, Norderstedt / Germany